ACCESOS VASCULARES PARA HEMODIALISIS: LAS FAVIS.5

INDICE

1.- Capítulo quinto : Tratamiento de las complicaciones del acceso vascular.

1.1.- Tratamiento de la infección

1.2.- Otras complicaciones del acceso vascular

- Isquemia provocada por el acceso vascular
- Aneurismas y pseudoaneurismas
- Síndrome de hiperaflujo

1.3.- Bibliografía

SEPSIS

1.1.- TRATAMIENTO DE LA INFECCIÓN NORMAS DE ACTUACIÓN

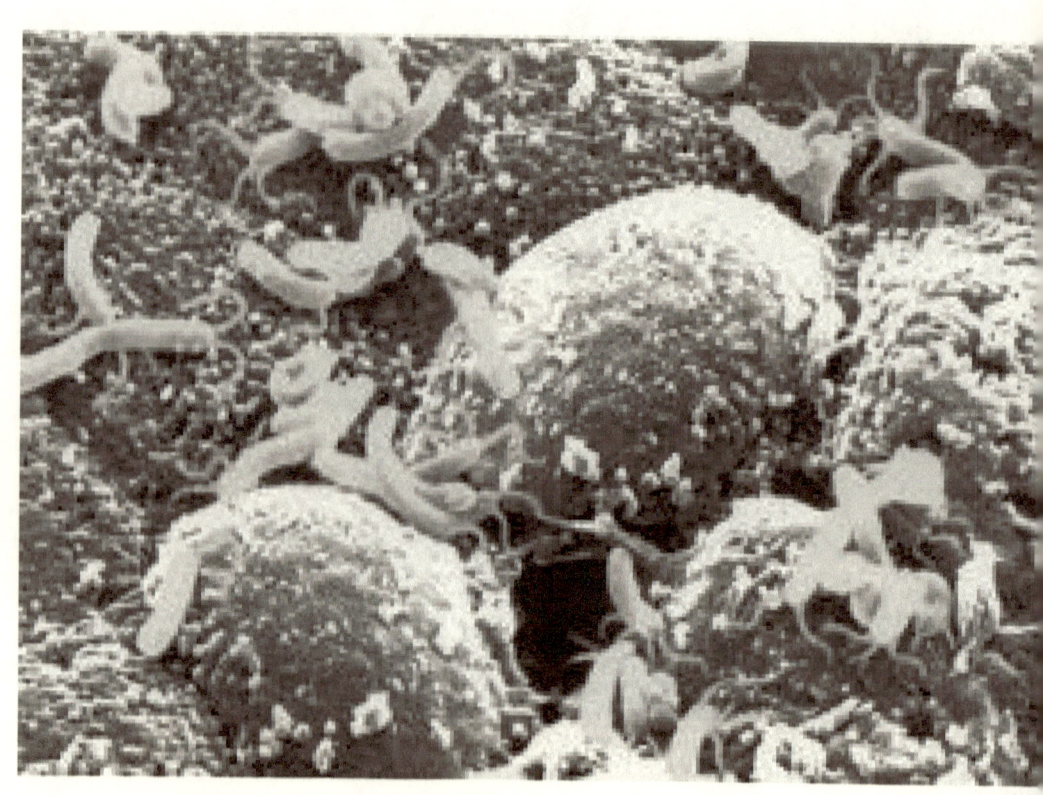

1.1.1.- La infección localizada del lugar de la punción de una FAVI ha de ser tratada con antibióticos durante al menos dos semanas si no hay fiebre o bacteriemia, en cuyo caso el tratamiento debe prolongarse durante cuatro semanas.
Evidencia C

1.1.2.- La infección extensa de una FAVI requiere la administración de antibióticos durante seis semanas. La resección de la fístula esta indicada ante la presencia de embolismos sépticos.
Evidencia C

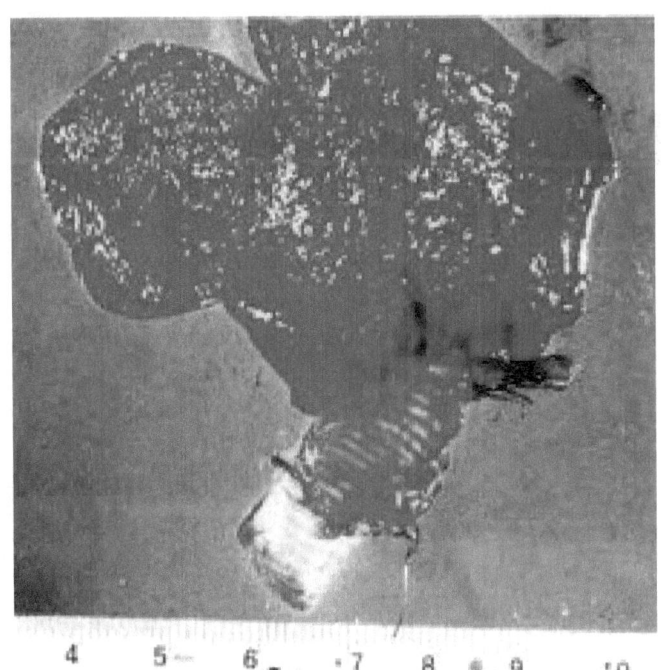

1.1.3.- La infección local en el punto de punción de una prótesis vascular para HD ha de ser tratada con tratamiento antibiótico apropiado, basado en los resultados de los cultivos y antibiograma, asociado al drenaje local o la resección del segmento infectado de la prótesis. **Evidencia B**

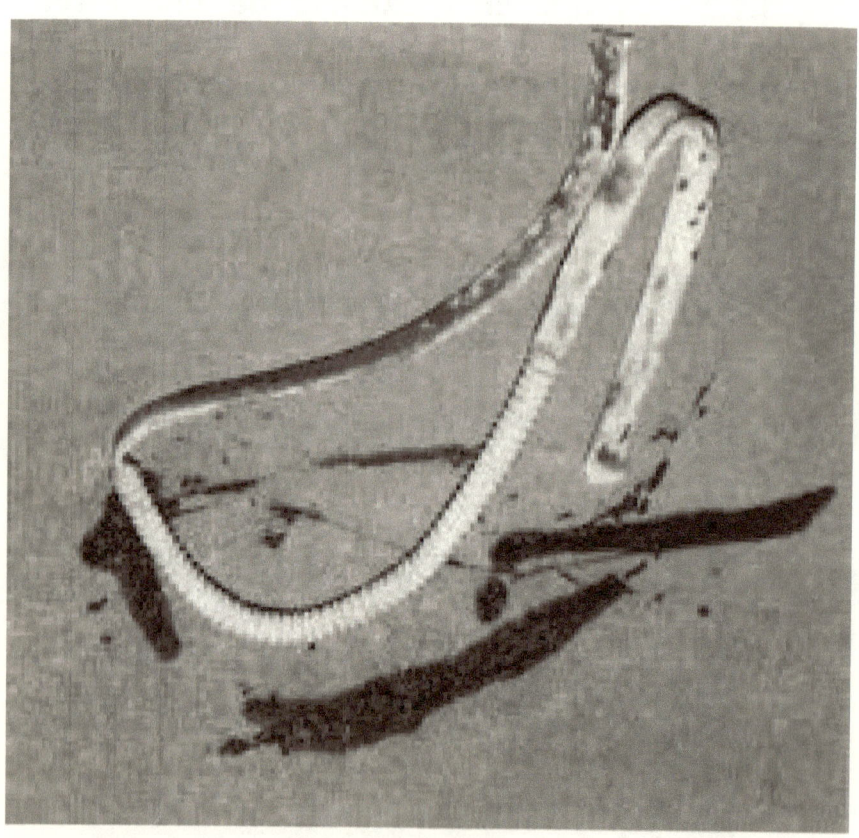

1.1.4.- La infección extensa de una prótesis vascular para diálisis ha de ser tratada con antibióticos junto con la resección total de la prótesis.
Evidencia B

1.1.5.- La infección temprana de la prótesis y partes blandas diagnosticada durante el primer mes tras su realización debe ser tratada con antibióticos y resección de la prótesis.
Evidencia B

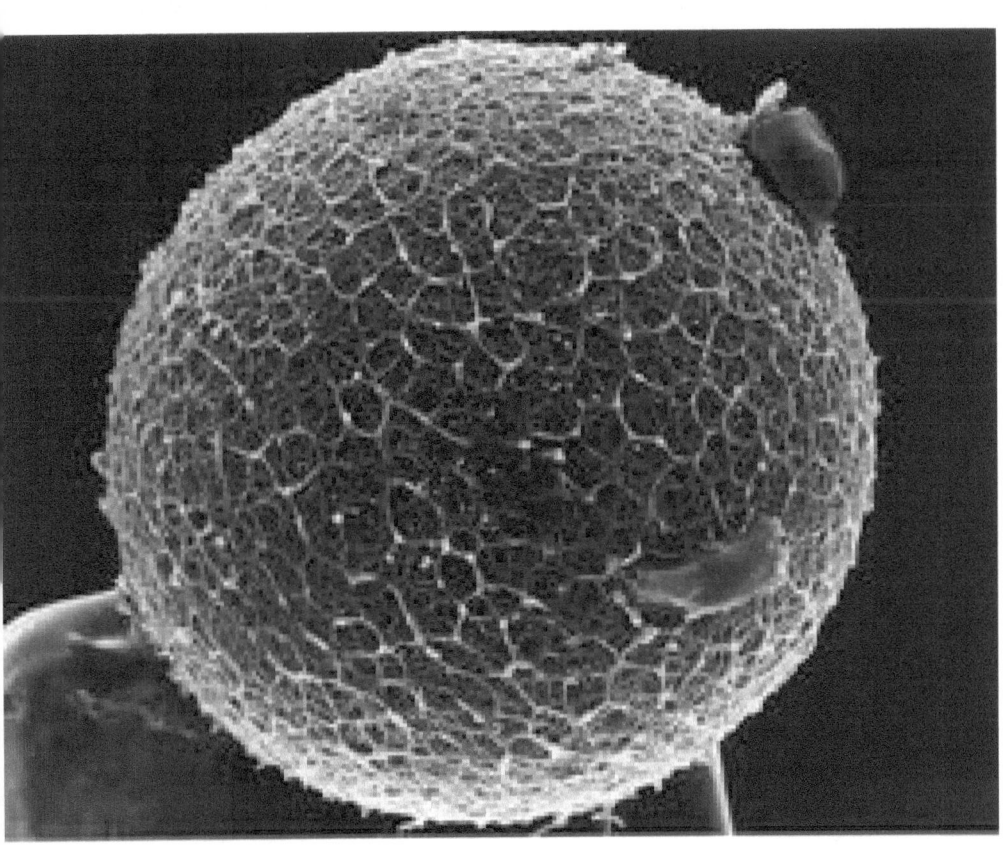

RAZONAMIENTO

La infección de las fístulas arteriovenosas autólogas tras el primer mes de su implantación es poco frecuente y su tratamiento está en función de la extensión del proceso. En los pacientes con afectación localizada del punto de punción de la fístula la administración durante dos semanas de un antibiótico adecuado puede controlar la infección. La presencia de síntomas sistémicos, en forma de fiebre con escalofríos, o de bacteriemia acompañante requiere prolongar el tratamiento hasta
las cuatro semanas. La infección extensa de una FAVI hace necesario administrar tratamiento antibiótico durante seis semanas. La resección de la fístula se reserva para los casos que presenten embolizaciones sépticas52-55.

La infección de una FAVI es debida normalmente a una aplicación inadecuada de las técnicas asépticas con el acceso vascular. Por ello es necesario reconsiderar todo el protocolo de actuación y realizar actividades de formación del personal sanitario en relación con las medidas higiénicas preventivas de la infección de los AV. El conocimiento de las actividades relacionadas con la higiene de las manos y con la desinfección de la piel antes de acceder a una FAVI ha de ser reforzado.

La infección que afecta a las prótesis vasculares requiere generalmente para su curación la administración de antibióticos durante tres o cuatro semanas, asociada a la resección de la misma52,55-58. La infección subcutánea o de una porción localizada de la prótesis, después del período postoperatorio de su implantación, puede ocurrir por inoculación bacteriana durante la punción para la hemodiálisis. Si es posible, la resección del segmento infectado de la prótesis es el tratamiento quirúrgico de elección, aunque la frecuencia de recidivas es elevada y requiere un seguimiento muy cercano de los pacientes59,60. La infección extensa de una prótesis con supuración, abscesos o dilataciones aneurismáticas infectadas, precisa a menudo la resección completa de la misma y la prolongación del tratamiento antibiótico hasta las seis semanas52,55,61.

1.2.- OTRAS COMPLICACIONES DEL ACCESO VASCULAR

-ISQUEMIA PROVOCADA POR EL ACCESO VASCULAR

DEFINICIÓN: Cuadro clínico provocado por la caída de la presión de perfusión arterial distal como consecuencia de la creación de una fístula arteriovenosa de baja resistencia y que en ocasiones incluso produce la inversión del flujo en la arteria distal.

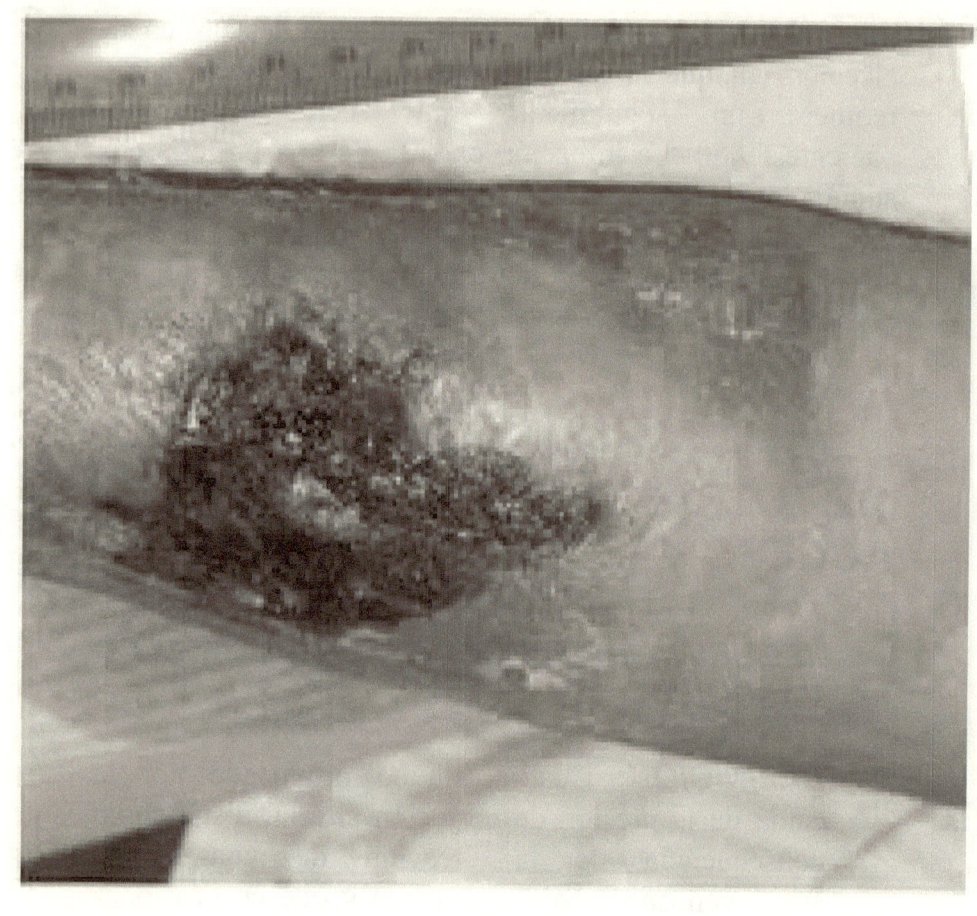

NORMAS DE ACTUACIÓN

1.2.1.- La presencia de diabetes mellitus con macroangiopatía, la estenosis arterial proximal,

el AV de flujo elevado y el uso de prótesis de gran diámetro, son factores de riesgo de aparición de isquemia distal.
Evidencia A

1.2.2.- El diagnóstico se establece ante la presencia de un cuadro clínico compatible y la medición de presiones digitales. Un valor inferior a 50 mmHg, que tras la compresión del acceso vascular mejora más del 20%, confirma el diagnóstico.
Evidencia B

1.2.3.- En el caso de sospecha de estenosis arterial proximal, debe realizarse una arteriografía e inmediatamente ATP en el mismo momento siempre que sea posible.
Evidencia C

1.2.4.- Los casos moderados solo son susceptibles de tratamiento conservador con medios físicos y/o tratamiento farmacológico. En situaciones de mayor gravedad con respuesta refractaria al tratamiento médico o riesgo de necrosis debe recurrirse a tratamiento quirúrgico.
Evidencia C

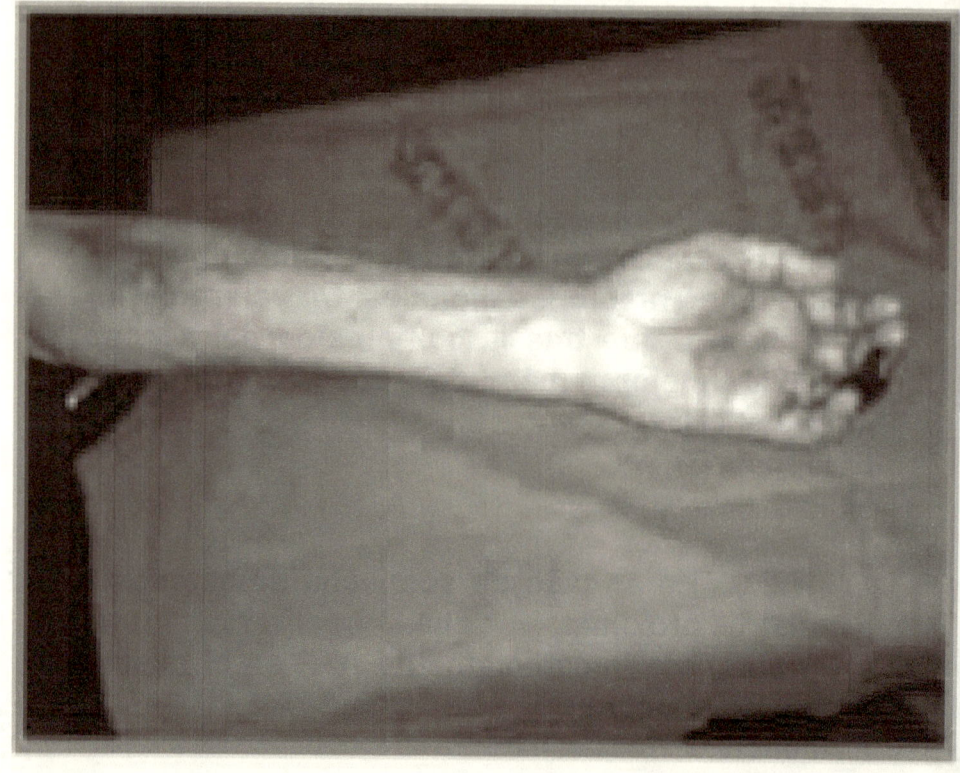

Figura 1. Gangrena de dedo en extremidad superior con AVHD.

Los dos casos más claros de isquemia provocados por una FAVI son, los de gangrena de un dedo o porción del dedo por la falta de riego sanguíneo y la gangrena de una falange del pie o parte del pie por el mismo hecho. Pero claro estos dos casos de gangrena suele ser fruto de años de evolución lenta y progresiva de isquemia periférica, pero que a su misma vez una pequeña infección o traumatismo puede degenerar rápidamente, debido a la falta de un riego sanguíneo adecuado, puede degenerar rápidamente en gangrena.

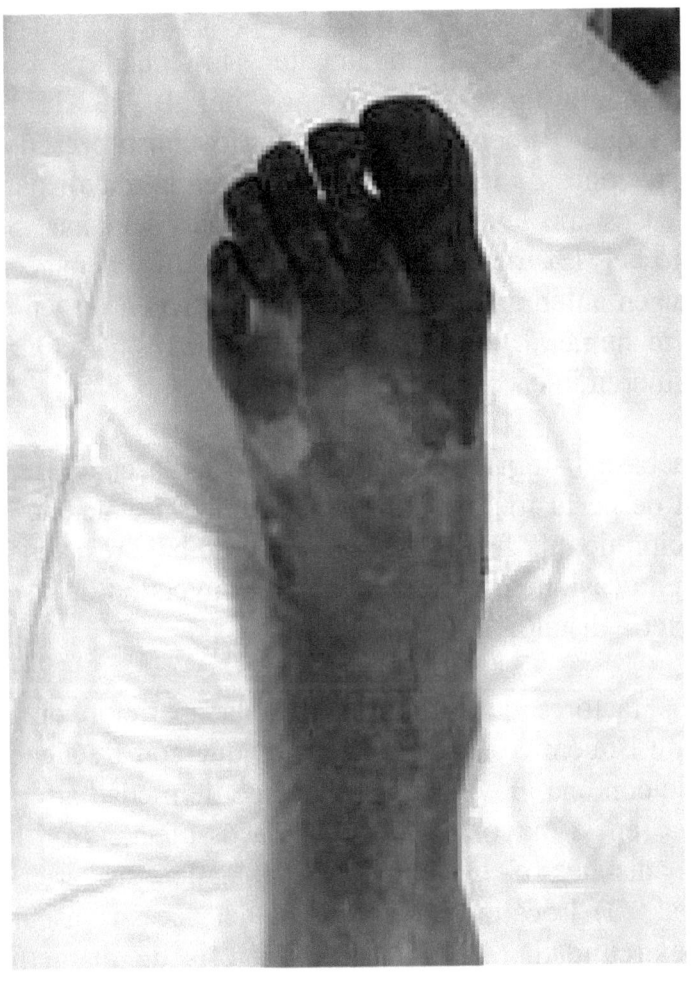

RAZONAMIENTO

La isquemia distal de la extremidad inducida por la implantación de un acceso vascular para hemodiálisis es una complicación relativamente infrecuente pero potencialmente muy grave. Menos del 10 % de los pacientes que reciben una fístula arteriovenosa presentan manifestaciones de isquemia distal, que en la mayor parte de los casos son leves y regresan en pocas semanas. Sin embargo, el 1% de los pacientes portadores de acceso vascular en antebrazo y 3-6% de los que tienen origen en la arteria humeral, presentan síntomas graves vasculares que requieren intervención[62,63].

La base fisiopatológica del cuadro es la caída de la presión de perfusión arterial distal como consecuencia de la creación de una fístula arteriovenosa de baja resistencia y que, en ocasiones, incluso produce la inversión del flujo en la arteria distal[63].

Los factores que predisponen a la aparición de un síndrome isquémico son: (1) Diabetes que con frecuencia coincide con una grave o generalizada enfermedad arterial oclusiva (en la mayor parte de los casos afectando a los troncos distales a la humeral). (2) Estenosis arterial proximal. (3) Localización proximal del acceso vascular en la extremidad. (4) El uso de prótesis de diámetros grandes.

Se puede presentar con una variedad de síntomas que varían desde la frialdad de la mano y sensaciones parestésicas solamente durante la diálisis, hasta la aparición de isquemia grave como dolor continuo en reposo, cianosis, rigidez, debilidad o parálisis de la mano y úlceras isquémicas o gangrena. A la exploración se aprecia la palidez y frialdad de los dedos con retardo en el pulso capilar y ausencia de pulso radial o de todos los distales. La compresión del AV en muchas ocasiones hace desaparecer la sintomatología, reapareciendo el pulso radial.

Debe documentarse entonces la existencia del "robo" en el laboratorio vascular usando pletismografía digital o presiones digitales62. Según Schanzer, las presiones digitales por debajo de 50 mmHg que con la compresión del AV mejoran más del 20%, confirman el diagnóstico63. La arteriografía debe realizarse cuando se sospecha estenosis proximal, debiendo corregirse mediante ATP en el mismo momento si es posible.

La mejor prevención de complicaciones y en concreto de este síndrome es una buena evaluación preoperatoria 62,64-66.

La necesidad de tratamiento depende de la gravedad del cuadro. Los casos leves o moderados tratados médicamente mejoran en pocas semanas, siendo necesario únicamente un seguimiento muy estrecho. En los casos de empeoramiento o graves con amenaza de la extremidad, se han utilizado varias técnicas quirúrgicas62: (1) En el caso de la fístula de Brescia-Cimino, ligadura de la radial distal (si se ha objetivado inversión de flujo en ella) o ligadura de los cabos venosos dejando permeable la radial (esto equivale a la pérdida del acceso vascular, y por tanto debe tenerse prevista la alternativa adecuada). (2) Reducción del diámetro de la anastomosis o estrechando la salida mediante "banding" (estrechamiento de la vena de salida colocándole alrededor un anillo protésico menor que ella) o interponiendo un segmento cónico de menor calibre. (3) Técnica DRIL (ligadura arterial distal a la anastomosis del acceso vascular y revascularización más distal mediante puente) descrita por Haimov[67]. Utilizando esta técnica en 42 pacientes, Schanzer consiguió la curación en 34 (83%) y mejoría parcial en los 8 restantes, considerándola la técnica de elección[63]. Knox también ha comunicado resultados similares[68].

-ANEURISMAS Y PSEUDOANEURISMAS.

DEFINICIÓN: Los aneurismas son dilataciones en el territorio de una fístula que mantienen la estructura íntegra de la pared venosa o arterial. Los pseudoaneurismas son dilataciones expansibles provocadas por el sangrado subcutáneo persistente a través de una pérdida de continuidad de la pared de la fístula o prótesis.

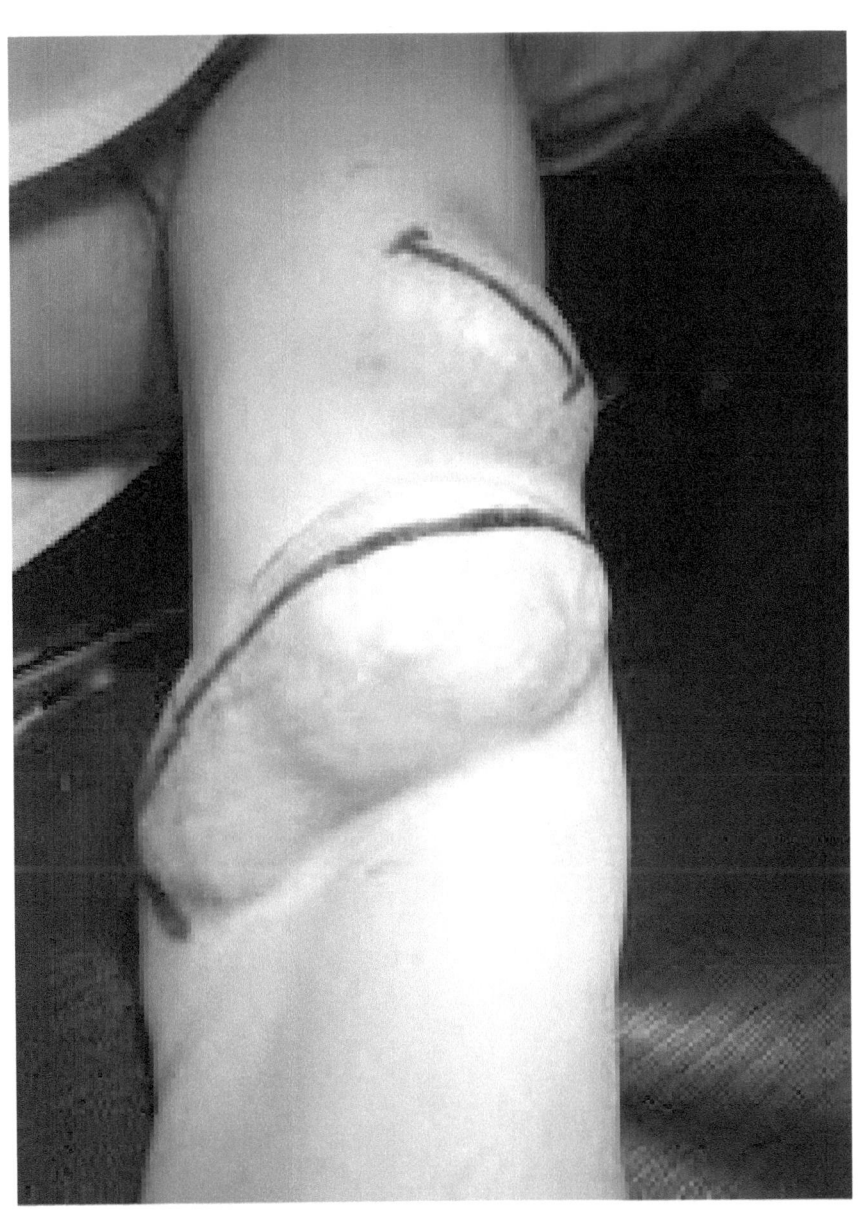

NORMAS DE ACTUACIÓN

**1.2.5.- Los aneurismas arteriales verdaderos deben ser tratados con resección quirúrgica del aneurisma y reconstrucción arterial. Como alternativa puede utilizarse la reparación con endoprótesis.
Evidencia C**

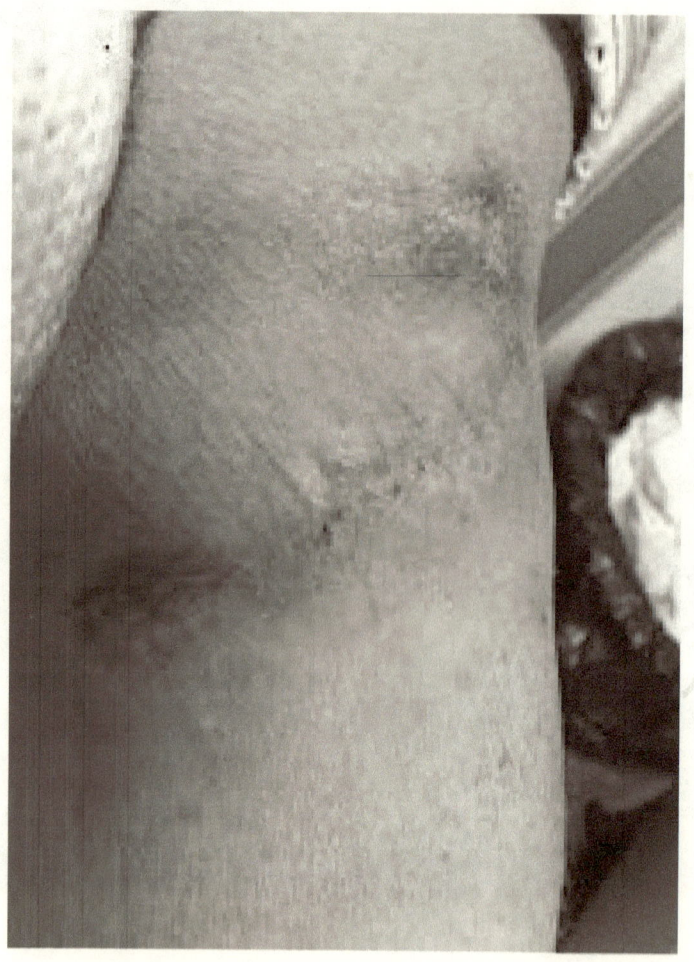

1.2.6.- Los aneurismas venosos no precisan tratamiento a menos que se asocien a estenosis

grave, necrosis o trastornos cutáneos con riesgo de rotura del aneurisma. Las estenosis graves se trataran mediante ATP o resección y bypass quirúrgicos del aneurisma. Si aparece necrosis o riesgo de rotura del aneurisma es precisa la revisión quirúrgica.
Evidencia C

1.2.7.- Los pseudoaneurismas de las prótesis de PTFE han de ser tratados con métodos percutáneos o mediante cirugía.
Evidencia C

1.2.8.- La rotura de un AV, ya sea traumática o espontánea, es una emergencia quirúrgica que requiere una intervención inmediata, endovascular o quirúrgica convencional.
Opinión

RAZONAMIENTO

Los aneurismas arteriales verdaderos, a veces de gran tamaño, ocurren esporádicamente en la arteria axilar o humeral después de ligadura de fístulas en el codo, y casi siempre después de un trasplante renal. Se han descrito casos esporádicos y su tratamiento es la resección del aneurisma con reconstrucción arterial[69-71], aunque también se ha utilizado la reparación con endoprótesis[72].

Por el contrario, la dilatación aneurismática venosa es frecuente en las fístulas arteriovenosas autólogas de larga duración y no debe ser tratada a menos que se asocie a estenosis venosa o necrosis cutánea. En el primer caso el tratamiento se dirige a la dilatación de la estenosis por radiología intervencionista o la exclusión del aneurisma y la estenosis por bypass quirúrgico. No existen series publicadas en la literatura sino descripción de casos aislados o mención en series de complicaciones colectivas sin ningún valor de evidencia probada.

Algunos pseudoaneurismas venosos en lugares de punción han sido tratados con compresión digital durante largo periodo de tiempo (30-45 minutos) hasta la trombosis del pseudoaneurisma, con control ecográfico del flujo de la fístula que deberá mantenerse permeable durante la compresión[73].

Por razones cosméticas, se puede plicar algún aneurisma, sobre todo en pacientes trasplantados a los que no se desea ligar la fístula. No hay series descritas en la literatura pero los resultados son excelentes. Se ha utilizado la plicatura manual y el empleo de grapadora mecánica[74].

Los pseudoaneurismas son frecuentes en las prótesis de larga evolución del acceso.

La conducta es la misma que con los aneurismas y solo se tratarán si están asociados a estenosis proximal al aneurisma, en cuyo caso se procederá según las indicaciones para dichos casos. En el caso de que exista afectación cutánea con amenaza de rotura, se pueden tratar con bypass quirúrgico de exclusión de la prótesis afecta o bien con endoprótesis cubiertas[75,76].

-SÍNDROME DE HIPERAFLUJO.

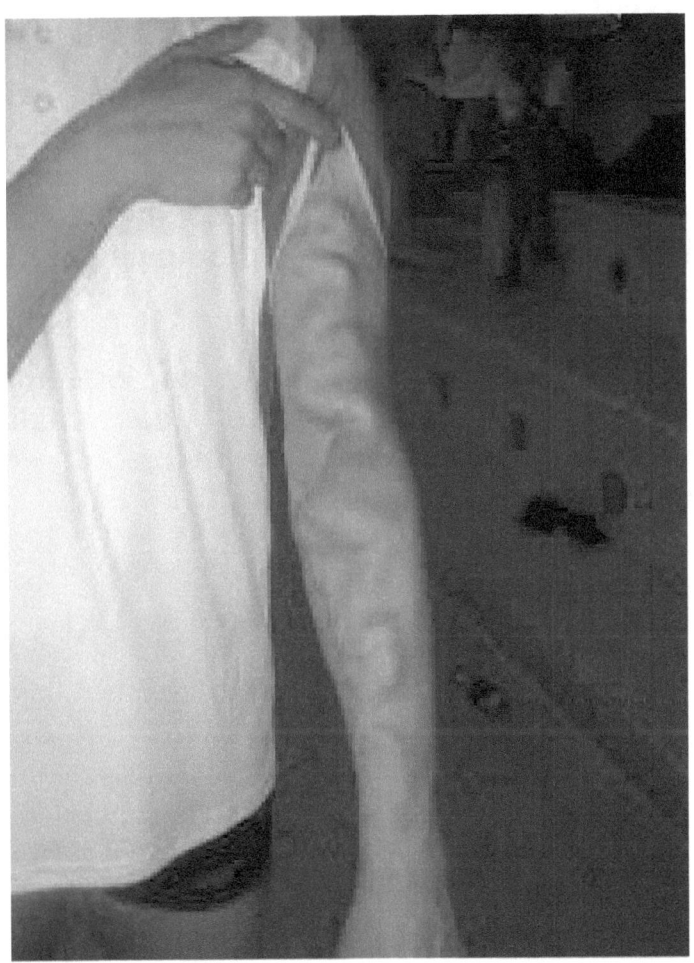

DEFINICIÓN: Cuadro clínico producido por un flujo excesivo del acceso vascular que da lugar a daño colateral hemodinámico severo, especialmente a un estado hipercinético cardiaco. Un hiperaflujo puede ser también causa de síndrome de robo o hipertensión venosa en ausencia de estenosis venosas centrales.

NORMAS DE ACTUACIÓN

1.2.9.- La presencia de insuficiencia cardiaca biventricular que no responde a los tratamientos habituales, asociada a un acceso vascular de más de 2.000 ml/min de flujo es indicación de revisión y reducción de la anastomosis del AV.
Evidencia C

1.2.10.- Ante la presencia de isquemia o hipertensión venosa grave se realizará corrección quirúrgica del hiperaflujo.
Evidencia C

RAZONAMIENTO

El diagnóstico de síndrome de hiperaflujo se establece en aquellos pacientes con accesos vasculares que presentan un flujo del acceso excesivo, responsable de daño colateral hemodinámico severo, fundamentalmente un estado hipercinético cardiaco que puede conducir a una insuficiencia cardiaca de alto gasto. Un hiperaflujo puede ser también causa de síndrome de robo o hipertensión venosa en ausencia de estenosis venosas centrales.

El límite de flujo del AV a partir del cual puede aparecer un estado hipercinético cardiaco es difícil de precisar. Los casos publicados de hiperaflujo patológico que han precisado ligadura de la fístula son esporádicos[77], en algunos de estos estudios el flujo de la fístula varió entre 4 y 19 litros por minuto78. Sin embargo no hay ninguna serie publicada que demuestre que un flujo excesivo tenga efectos nocivos sobre la función cardiaca.

En los estudios en los que se han realizado análisis de flujo del acceso, tanto por ecodoppler como por métodos de dilución en línea, los flujos hallados en la mayoría de los accesos vasculares, tanto autólogos como protésicos, oscilan entre 800 ml/m y 2000 ml/min79-82, pero los límites máximos peligrosos para la función cardiaca aún no han sido establecidos.

Se presentan dos situaciones en las que puede considerarse una reducción del flujo o ligadura del acceso.

Los procedimientos quirúrgicos de reducción del flujo han sido realizados en un número muy limitado de pacientes en hemodiálisis. Estos procedimientos podrían considerarse en pacientes con más de 2000 ml/min de flujo e insuficiencia cardiaca congestiva. Incluyen el "banding" o estrechamiento de la salida venosa de la fístula, la extensión desde la arteria humeral a una arteria distal, radial o cubital, y la ligadura de la arteria radial proximal en caso de fístula radiocefálica77-83.

En pacientes transplantados, la ligadura sistemática de la fístula es muy discutida.

En un estudio prospectivo sobre 20 pacientes transplantados, sin grupo control, se observó una reducción de la masa ventricular izquierda tras la ligadura de la fístula84.

Sin embargo, parece más coherente ligar el acceso cuando existe alguna complicación severa dependiente de síndrome de robo, hipertensión venosa, aneurisma de crecimiento progresivo o insuficiencia cardiaca severa.

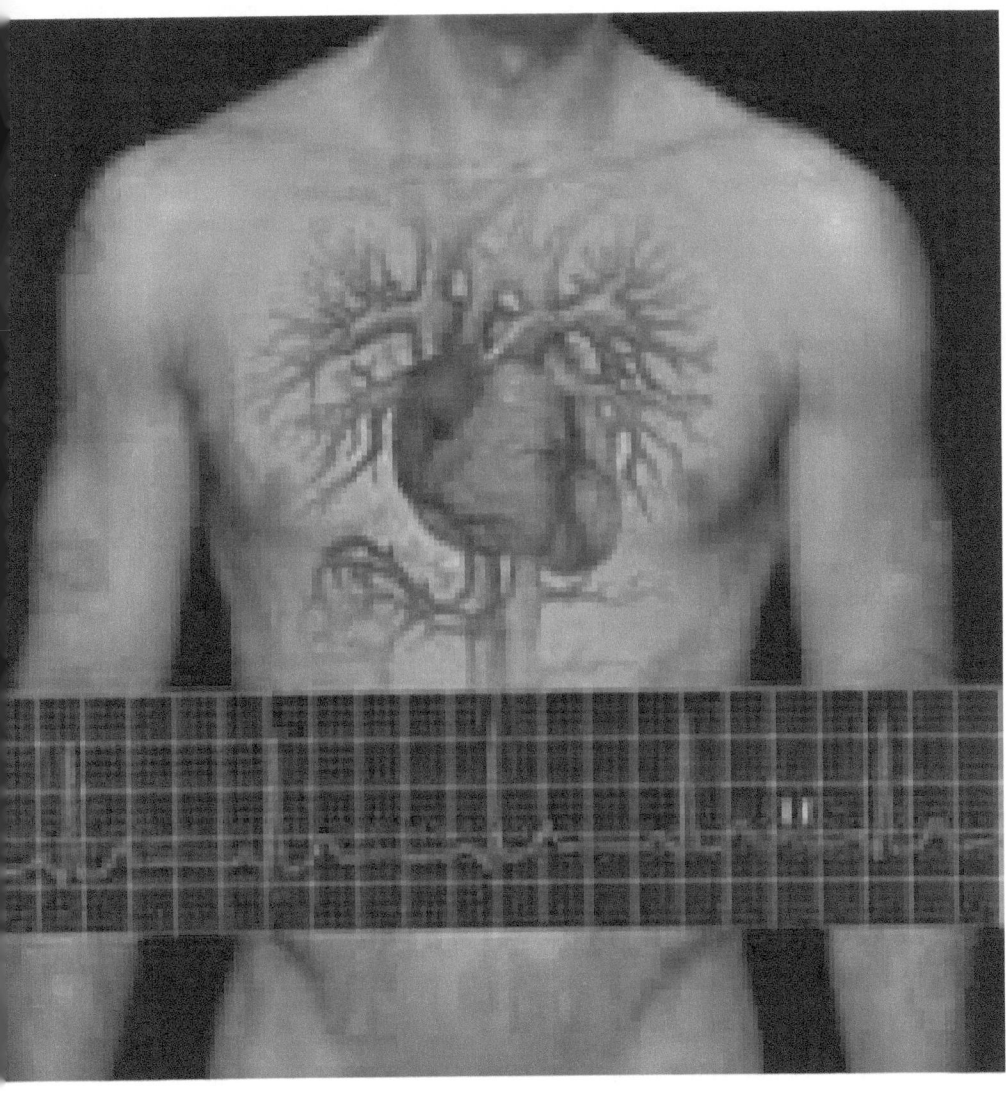

BIBLIOGRAFÍA

1. Schwab SJ, Raymond JR, Saeed M, Newman GE, Dennis PA, Bollinger RR. Prevention of hemodialysis fistula thrombosis. Early detection of venous stenoses. Kidney Int 1989; 36:707-711
2. Besarab A, Sullivan KL, Ross RP, Moritz MJ. Utility of intra-access pressure monitoring in detecting and correcting venous outlet stenoses prior to thrombosis. Kidney Int 1995; 47: 1364-1373
3. Clinical practice guidelines of the Canadian Society of Nephrology for treatment of patients with chronic renal failure: Clinical practice guidelines for vascular access. J Am Soc Nephrol. 1999; 10: S287-S321
4. Aruny JE, Lewis CA, Cardella JF et al. Society of Interventional Radiology Standards of Practice Committee. Quality improvement guidelines for percutaneous management of the thrombosed or dysfunctional dialysis access. J Vasc Interv Radiol. 2003; 14: S247-53.
5. NKF-K/DOQI Clinical Practice Guidelines for Vascular Access: update 2000. Am J Kidney Dis 2001; 37 (Suppl. 1): S137-S181
6. Clark TW, Hirsch DA, Jindal KJ, Veugelers PJ, LeBlanc J. Outcome and prognostic factors of reestenosis after percutaneous treatment of native hemodialysis fistulas. J Vasc Interv Radiol. 2002; 13: 51-59
7. Kanterman RY, Vesely TM, Pilgram TK, Guy BW, Windus DW, Picus D. Dialysis access grafts: anatomic location of venous stenosis and results of
angioplasty. Radiology. 1995; 195:135-139
8. Guidelines of the Vascular Access Society. [en línea] [fecha de acceso 30 de mayo de 2004] URL http://www.vascularaccesssociety.com/guidelines/
9. Beathard GA. Gianturco self-expanding stent in the treatment of stenosis in dialysis access grafts. Kidney Int. 1993; 43: 872-877
10. Kolakowski S Jr, Dougherty MJ, Calligaro KD. Salvaging prosthetic dialysis fistulas with endoprótesis: forearm versus upper arm grafts. J Vasc Surg. 2003; 38: 719-723
11. Oakes DD, Sherck JP, Cobb LF. Surgical salvage of failed radiocephalic arteriovenous fistulae: Techniques and results in 29 patients. Kidney Int. 1998; 53: 480-487
12. Manninen HI, Kaukanen ET, Ikaheimo R, Karhapaa P, Lahtinen T, Matsi P, Lampainen E. Brachial arterial access: Endovascular treatment of failed Brescia-Cimino hemodialysis fistulas. Initial success and long term results. Radiology. 2001; 218: 711-718

13. Polo JR, Vázquez R, Polo J, Sanabia J, Rueda JA, López Baena JA. Brachicephalic jump graft fistula: An alternative for dialysis use of elbow crease veins. Am J Kidney Dis. 1999; 33: 904-909
14. Mickley V. Stenosis and thrombosis in haemodialysis fistulae and grafts: the surgeon's point of view. Nephrol Dial Transplant. 2004; 19: 309-311
15. Romero A, Polo JR, García Morato E, García Sabrido JL, Quintans A, Ferreiroa JP. Salvage of angioaccess after late thrombosis of radiocephalic fistulas for hemodialysis. Int Surg. 1986; 71: 122-124
16. Beathard GA, Arnold P, Jackson J, Litchfield T. Aggressive treatment of early fistula failure. Kidney Int. 2003; 64: 1487-1494
17. Turmel-Rodrigues L, Pengloan J, Baudin S, Testou D, Abaza M, Dahdah G, Mouton A, Blanchard D. Treatment of stenosis and thrombosis in haemodialysis fistulas and grafts by interventional radiology. Nephrol Dial Transplant. 2000; 15: 2029-2036
18. D Vega Menéndez, JL Polo Melero, A Flores, JA López Baena, R García Pajares, E González Tabares. By-pass a vena proximal para el tratamiento de estenosis venosas en prótesis de politetrafluoroetileno expandido para hemodiálisis. Rev Clin Esp 2000: 200: 64-68
19. Turmel-Rodrigues L. Stenosis and thrombosis in haemodialysis fistulae and grafts: the radiologist's point of view. Nephrol Dial Transplant. 2004; 19: 306-308
20. Lumsden AB, MacDonald MJ, Kikeri D, Cotsonis GA, Harker LA, Martin LG. Prophylactic balloon angioplasty falls to prolong the patency of expanded polytetrafluoroethylene arteriovenous grafts: results of a prospective randomized study. J Vasc Surg. 1997; 26: 382-390
21. Tessitore N, Lipari G, Poli A, Bedogna V, Baggio E, Loschiavo C, Mansueto G, Lupo A. Can blood flow surveillance and pre-emptive repair of subclinical stenosis prolong the useful life of arteriovenous fistulae? A randomized controlled study. Nephrol Dial Transplant. 2004; 19: 2325-2333

22. Martin LG, MacDonald MJ, Kikeri D, Cotsonis GA, Harker LA, Lumsden AB. Prophylactic angioplasty reduces thrombosis in virgin PTFE arteriovenous dialysis grafts with greater than 50% stenosis: subset analysis of a prospectively randomized study. J Vasc Interv Radiol. 1999; 10: 389-96
23. Neville RF, Abularrage CJ, White PW, Sidawy AN. Venous hypertension associated with arteriovenous hemodialysis access. Semin Vasc Surg. 2004; 17: 50-56
24. Schillinger F, Schillinger D, Montagnac R, Milcent T. Post catherisation vein stenosis in haemodialysis: comparative angiographic

study of 50 subclavian and 50 internal jugular accesses. Nephrol Dial Transplant. 1991; 6: 722-724

25. Sprouse LR, Lesar CJ, Meier GH, Parent FN, Demasi RJ, Gayle RG, Marcinzyck MJ, Glickman MH, Shah RM, McEnroe CS, Fogle MA, Stokes GK, Colonna JO. Percutaneous treatment of symptomatic central venous stenosis. J Vasc Surg. 2004; 39: 578-582

26. Verstanding AG, Bloom AI, Sasson T, Haviv YS, Rubinger D. Shortening and migration of Wallstents after stenting of central venous stenosis in hemodialysis patients. Cardiovasc Intervent Radiol. 2003; 26: 58-64

27. Chandler NM, Mistry BM, Garvin PJ. Surgical bypass for subclavian vein occlusion in hemodialysis patients. J Am Coll Surg. 2002; 194: 416-421

28. Green LD, Lee DS, Kucey DS. A metaanalysis comparing surgical thrombectomy, mechanical thrombectomy, and pharmacomechanical thrombolysis for thrombosed dialysis grafts. J Vasc Surg 2002; 36: 939-945

29. Safa AA, Valji K, Roberts AC, Ziegler TW, Hye RJ, Oglevie SB. Detection and treatment of dysfunctional hemodialysis access grafts: effect of a surveillance program on graft patency and the incidence of thrombosis. Radiology 1996; 199: 653-657

30. Fan PY; Schwab SJ. Vascular access: concepts for the 1990s. J Am Soc Nephrol 1992 ;3:1-11

31. Schwab SJ; Harrington JT; Singh A et al. Vascular access for hemodialysis. Kidney Int. 1999 May;55(5):2078-90

32. Besarab A; Bolton WK; Browne JK et al. The effects of normal as compared with low hematocrit values in patients with cardiac disease who are receiving hemodialysis and epoetin. N Engl J Med 1998 ;339:584-90

33. Sands JJ; Nudo SA; Ashford RG; Moore KD; Ortel TL. Antibodies to topical bovine thrombin correlate with access thrombosis. Am J Kidney Dis. 2000 ;35:796-801

34. Bush RL, Lin PH, Bianco CC, Martin LG, Weiss V. Endovascular aortic aneurysm repair in patients with renal dysfunction or severe contrast allergy: utility of imaging modalities without iodinated contrast. J. Ann Vasc Surg. 2002; 16: 537-544

35. Sullivan KL, Bonn J, Shapiro MJ et al. Venography with carbon dioxide as a contrast agent. Cardiovasc Intervent Radiol 1995;18:141-145

36. Albrecht T, Dawson P. Gadolinium-DTPA as X-ray contrast medium in clinical studies. Br J Radiol 2000; 73:878 –882

37. Górriz JL, Martínez-Rodrigo J, Sancho A et al. La trombectomía endoluminal percutánea como tratamiento de la trombosis aguda del acceso vascular: experiencia de 123 procedimientos y resultados a largo plazo. Nefrología 2001; 21: 182-190

38. Schuman R, Rajagopalan PR, Vujic I, Stutley JE. Treatment of thrombosed dialysis access grafts: randomised trial of surgical thrombectomy versus mechanical thrombectomy with the Amplaz device. J Vasc Interv Radiol 1996; 7: 185-192

39. Dougherthy MJ, Calligaro KD, Schindler N, Raviola CA, Ntoso Adu. Endovascular versus surgical treatment for thrombosed hemodialysis grafts: A prospective, randomised study. J Vasc Surg 1999; 30: 1016-1023

40. Martson WA, Criado E, Jacques PF, Mauro MA, Burnham SJ, Keagy BA. Prospective randomized comparison of surgical versus endovascular management of thrombosed dialysis access grafts. J Vasc Surg 1997; 26: 373-381

41. Vesely TM, Idso MC, Audrain J, Windus DW, Lowell JA. Thrombolysis versus surgical thrombectomy for the treatment of dialysis graft thrombosis: pilot study comparing costs. J Vasc Interv Radiol. 1996; 7: 507-12

42. Uflacker R, Rajagopalan PR, Vujic I, Stutley JE. Treatment of thrombosed dialysis access grafts: Randomized trial of surgical thrombectomy versus mechanical thrombectomy with the Amplaz device. J Vasc Interv Radiol 1996; 7: 185-192

43. Konner K. Interventional strategies for hemodialysis fistulae and grafts: interventional radiology or surgery? Nephrol Dial Transplant 2000; 15: 1922-1923

44. Beathard GA. Percutaneous therapy of vascular access dysfunction: Optimal management of access and thrombosis. Semin Dial 1994; 7: 165-167

45. Turmel-Rodrigues L, Pengloan J, Rodriges H et al. Treatment of failed native arteriovenous fistulae for hemodialysis by interventional radiology. Kidney Int 2000; 57: 1124-1140.

46. Silicott GR, Vannix RS, De Palma JR. Repair versus new arteriovenous fistula. Trans Am Soc Artif Organs 1980; 26: 99

47. Bone GE, Pomajzl MJ. Management of dialysis fistula thrombosis. Am J Surg. 1979; 138: 901

48. Vorwerk D, Schurmann K, Muller-Leisse C, Adam G, Bucker A, Sohn M, Kierdorf H, Gunther RW. Hydrodynamic thrombectomy of haemodialysis grafts
and fistulae: results of 51 procedures. Nephrol Dial Transplant. 1996;11: 1058-1064

49. Firat A, Aytekin C, Boyvat F, Emiroglu R, Haberal M. Percutaneous mechanical thrombectomy with arrow-trerotola device in patients with thrombosed graft fistula. Tani Girisim Radiol. 2003; 9: 371-376

50. Overbosch EH, Pattynama PM, Aarts HJ, Schultze Kool LJ, Hermans J, Reekers JA.. Occluded hemodialysis shunts: Dutch multicenter experience

with the percutaneous transluminal angioplasty. Radiology 1996; 201: 485-488
51. Rajan DK, Clark TWI, Simons ME., Kachura JR, Siniderman K. Procedural success and patency after percutaneous treatment of thrombosed autogenous dialysis fistulas. J Vasc Interv Radiol. 2002; 13: 1211-1218
52. Canaud B, Kessler M, Pedrini MT, Tattersall JE, ter Wee PM, Vanholder R et al. European Best Practice Guidelines: Dialysis. Nephrol Dial Transplant 2002. Suppl 7.
53. Kovalik EC, Raymond JR, Albers FJ, Berkoben M, Butterly DW, Montella B et al. A clustering of epidural abscesses in chronic hemodialysis patients: risk of salvaging access catheters in cases of infection. J Am Soc Nephrol 1996; 7: 2264-2267.
54. Fong IW, Capellan JM, Simbul M, Angel J. Infection of arterio-venous fistulas created for chronic haemodialysis. Scand J Infect Dis 1993; 25: 215-220.
55. Nassar GM, Ayus JC. Infectious complications of the hemodialysis access. Kidney Int 2001; 60: 1-13.
56. Raju S. PTFE grafts for hemodialysis access. Techniques for insertion and management of complications. Ann Surg 1987; 206: 666-673.
57. Cheng BC, Cheng KK, Lai ST, Yu TJ, Kuo SM, Weng Zc et al. Long term result of PTFE graft for hemodialytic vascular access. J Surg Assoc ROC 1992; 25: 1070-1076.
58. Bhat DJ, Tellis VA, Kohlberg WI, Driscoll B, Veith FJ. Management of sepsis involving expanded polytetrafluoroethylene grafts for hemodialysis access. Surgery 1980; 87: 445-450.
59. Taylor B, Sigley RD, May KJ. Fate of infected and eroded hemodialysis grafts and autogenous fistulas. Am J Surg 1993; 165: 632-636.
60. Schwab DP, Taylor SM, Cull DL, Langan EM III, Snyder BA, Sullivan TM et al. Isolated arteriovenous dialysis access graft segment infection: the results of
segmental bypass and partial graft excision. Ann Vasc Surg 2000; 14: 63-66.
61. Padberg FT, Jr., Lee BC, Curl GR. Hemoaccess site infection. Surg Gynecol Obstet 1992; 174: 103-108.
62. Gelabert HA, Freischlag JA. Hemodialysis access. En: Rutherford RB Ed.: Vascular Surgery (5th Ed). WB Saunders Co. Philadelphia 2000: pg 1466-77
63. Schanzer H, Eisenberg D. Management of steal syndrome resulting from dialysis access. Seminars Vasc Surg. 2004; 1: 45-49
64. Wixon CL, Hughes JD, Mills JL. Understanding strategies for the treatment of ischemic steal syndrome after hemodialysis access. J Am Coll Surg. 2000; 191: 301-310

65. Mackrell PJ, Cull DL, Carsten III ChG. Hemodialysis access: Placement and management of complications. En: Hallet JW Jr, Mills JL, Earnshaw JJ, Reekers JA. Eds.: *Comprehensive Vascular and Endovascular Surgery.* Mosby-Elsevier ld. St. Louis (Miss). 2004: pg 361-90

66. Lin PH, Bush RL, Chen CH, Lumsden AB. What is new in the preoperative evaluation of arteriovenous access operation? Seminars Vasc Surg 2004 (vol 17);1: 57- 63

67. Haimov M. Vascular access for hemodialysis. Surg Gynecol Obstet. 1975 141:619-625

68. Knox RC, Berman SS, Hughes JD et al. Distal revascularization-interval ligation: A durable and effective treatment for ischemic steal syndrome after
hemodialysis access. J Vasc Surg. 2002; 36: 250-256

69. López-Baena JA, Vega D, Polo J, García Pajares R, Echenagusia A. Aneurisma verdadero de la arteria braquial relacionado con acceso vascular en el pliegue del codo. Patología Vascular 2000; 7: 489-492.

70. Hale PC, Linsell J, Taylor PR. Axillary aneurysm: an unusual complication of hemodialysis. Eur J Vasc Surg 1994; 8: 101-103.

71. Eugster T, Wigger P, Bölter S, Bock A, Hodel K, Stierli P. Brachial artery dilatation after arteriovenous fistulae in patients after renal transplantation. A ten-year follow-up with ultrasound scan. J Vasc Surg 2003; 37: 564-567.

72. Maynar M, Sanchez Alvarez E, Quian Z, Lopez Benitez R, Long D, Zerolo I. Percutaneous endovascular treatment of brachial artery aneurysm. EJVES 2003; 6:15-19.

73. Witz M, Werner M, Bernheim J, Shnaker A, Lehmann J, Korzets Z. Ultrasound guided compression repair of pseudo aneurysms complicating a forearm dialysis arteriovenous fistula. Nephrol Dial Transplant. 2000; 15: 1453-1454.

74. Hakim NS, Romagnoli J, Contis JC, Akouh J, Papalois VE. Refashioning of an aneurysmatic arterio-venous fistula by using the multifire GIA 60 surgical stapler. Int Surg 1997; 82: 376-377.

75. Najibi S, Bush RL, Terramani TT et al. Covered stent exclusion of dialysis access pseudoaneurysms. J Surg Research. 2002; 106: 15-19.

76. Hausegger KA, Tiessenhausen K, Klipfinger M, Raith J, Hauser H, Tauss J. Aneurysms of hemodialysis access grafts: treatment with covered stents: a report of three cases. Cardiovasc Intervent Radiol 1998; 21: 334-337.

77. Tzanakis I, Hatziathanassiou A, Kagia S, Papadaki A, Karephyllakis N, Kallivretakis N. Banding of an overfunctioning fistula with a prosthetic graft segment. Nephron. 1999; 81: 351-352.

78. Young PR, Rohr MS, Marterre WF. High-output cardiac failure secondary to a brachiocephalic arteriovenous hemodialysis fistula: two cases. Am Surg. 1998; 64: 239-241.
79. Mercadal L, Challier E, Cluzel Ph, et al. Detection of vascular access stenosis by measurement of access blood flow from ionic dialysance. Blood Purif.
2001; 20: 177-181.
80. May RE, Himmelfarb J, Yenicesu M, et al. Predictive measures of vascular access thrombosis: a prospective study. Kidney Int. 1997; 52: 1656-1662.
81. Hoeben H, Abu-Alfa AK, Reilly R, Aruny JE, Bouman K, Perazella MA. Vascular access surveillance: Evaluation of combining dynamic venous pressure and vascular access blood flow measurements. Am J Nephrol. 2003; 23: 403-408.
82. Barril G, Besada E, Cirugeda A, Perpen AF, Selgas. Hemodialysis vascular assesment by an ultrasound dilution method (transonic) in patient older than 65 years. Int Urol Nephrol. 2001; 32: 459-462.
83. Bourquelot PD, Corbi P, Cussenot O. Surgical improvement of high-flow arteriovenous fistulas. In Sommer BG, Henry ML. Vascular Access for Hemodialysis. WL Gore & Associates Inc, Pluribus Press Inc. 1989, pp 124-130.
84. Van Duijnhoven ECM, Cherieux ECM, Tordoir JHM, Kooman JP, van Hoff JP. Effect of closure of the arteriovenous fistula on left ventricular dimension in renal transplants patients. Nephrol Dial Transplant. 2001; 16: 368-372.

www.ingramcontent.com/pod-product-compliance
Lightning Source LLC
Chambersburg PA
CBHW021856170526
45157CB00006B/2468